# LA SCIENCE

## VIS A VIS

## LA RELIGION

Imprimé par Charles Noblet, rue Soufflet, 18.

# LA SCIENCE

## VIS A VIS

# LA RELIGION

PAR

**MM. Gr. WYROUBOFF et Em. GOUBERT**

Professeurs de sciences physiques

---

## PARIS

**GERMER BAILLIÈRE, LIBRAIRE-ÉDITEUR**

Rue de l'École-de-Médecine, 17

| **LONDRES** | **NEW-YORK** |
|---|---|
| Hipp. Baillière, 219, Regent's street | Baillière brothers, 440, Broadway |

MADRID, C. BAILLY-BAILLIÈRE, PLAZA DEL PRINCIPE ALFONSO, 16

**1865**

# OBSERVATIONS

SUR QUELQUES PAGES DE L'ABBÉ MOIGNO, INTITULÉES :

## DEMONSTRATION MATHÉMATIQUE DU DOGME DE LA CRÉATION

ET DE

### La récente apparition de l'homme sur la terre (1).

Monsieur,

Je tiens beaucoup à vous communiquer dans cette lettre, que je prends la liberté de vous adresser sans avoir l'honneur d'être connu de vous, les diverses réflexions que m'a suggérées la lecture de votre petite brochure sur la *démonstration mathématique du dogme de la création et de la récente apparition de l'homme sur la terre*, qui vient de me tomber par hasard sous la main. Je regrette que ces réflexions viennent un peu tard, mais quand il s'agit d'une question de science à élucider, il vaut toujours mieux tard que jamais. Je me décide à m'adresser à vous, car je suis convaincu que la vérité scientifique, quelle qu'elle soit, trouvera en vous un appréciateur compétent et un défenseur dévoué.

Les lois scientifiques, il me semble, ne peuvent pas être fausses, si les faits sont vrais; car la loi, en définitive, n'est que le fait se répétant toujours de la même manière dans les mêmes circonstances. Or, tout système philosophique, pour être stable, doit, d'après l'opinion généralement admise au xixe siècle, être basé sur *des lois*; donc toute discussion philosophique se réduit à une simple question de faits.

C'est sur ce terrain positif que je me propose d'amener l'examen des conclusions de votre brochure.

Vous commencez par démontrer que le nombre actuellement infini est impossible; au point de vue où vous la prenez, cette vérité est incontestable, mais s'ensuit-il que le nombre ne puisse jamais devenir

_______________

(1) Extrait du *Courrier des Sciences*, 15 janvier 186 .

infini? c'est ce que je ne crois pas. Vous supposez, dans votre démonstration, qu'en ajoutant un nombre à un autre, on s'arrête à un moment donné pour considérer le nombre qui s'est produit ; on le trouvera évidemment fini comme les unités dont il se compose. Mais ce n'est là qu'un cas particulier.

Je puis supposer, et cette supposition n'a rien qui blesse l'intelligence, que j'ajoute les uns aux autres des chiffres dont le nombre sera toujours indéterminé et croîtra indéfiniment, puisque je ne m'arrêterais jamais. Vous m'objecterez peut-être que cette addition infinie est impossible, puisque ma mort, ou celle des générations postérieures qui la continueraient, lui mettra nécessairement un terme, mais alors votre démonstration n'est pas mathématique, puisqu'elle sera limitée par des conditions physiques, dont l'existence est justement la question en litige. Les mathématiques, science abstraite par excellence, ne peuvent admettre que des solutions abstraites, et à ce point de vue l'accroissement illimité n'a rien qui choque l'esprit ; je dirais plus, il est indispensable de l'admettre. Vous dites que le nombre infini n'existe pas, mais, comme mathématicien, pouvez-vous affirmer que la valeur de $\pi$ soit finie ? En abstraction, les quantités infinies existent donc, et sans les admettre dans vos calculs, vous en faites journellement usage. Il y a maintenant une autre question qui surgit, c'est celle de l'application du nombre infini au monde physique. Or, il y a là deux cas possibles : ou bien nous voulons rester dans le cadre des spéculations scientifiques, nous n'avons alors que des quantités *finies* et déterminables à examiner ; ou bien, franchissant le cercle des observations positives, nous voulons aborder les causes premières et finales, alors l'abstraction remplace le fait, et en même temps l'*infini* devient possible.

C'est sur ce second terrain, que j'appellerai métaphysique pour employer l'expression consacrée, que vous transportez la question ; il faut par conséquent que vous en subissiez les conséquences. Or, c'est justement ce qui arrive : d'une manière ou d'une autre vous reconnaissez (la citation du père Gerdil, dont vous admettez les conclusions, le prouve) l'existence de l'infini, mais seulement dans ce cas particulier que vous appelez *Dieu*. Je me permets de protester contre cette injustice : dépouiller un objet de ses attributs au profit d'un autre, c'est là un acte d'une partialité évidente ; c'est plus, c'est tout bonnement une faute de logique, car je vous avoue franchement que je suis assez aveugle pour ne pas voir par quelle raison *logique* Dieu serait plutôt infini que la matière.

Ne vous révoltez pas ; ce n'est pas une question de religion que nous traitons, le titre de votre publication le dit, c'est un problème mathématique que nous tâchons de résoudre. N'oublions pas que Dieu et la matière, étant dans ce cas des abstractions, sont des termes comparables, et pour conserver leur forme abstraite, sans blesser les consciences, désignons Dieu par $a$ et la matière par $b$. $a$, dites-vous, $= \infty$ ; $b$, au contraire, ne peut pas être $= \infty$, mais pourquoi ? Voilà la question qui se présente tout naturellement et à laquelle il fallait évidemment répondre pour donner une *démonstration*. Ce n'est pas de cette manière, toute mathématique pourtant, que vous procédez. Vous partez d'un axiome, vous posez en principe : « L'infini et l'éternité sont des attributs essentiellement divins que Dieu ne peut pas communiquer à ses créatures » (p. 8). Vous partez d'un article de foi, je le répète, ce n'est donc pas une démonstration mathématique.

Le problème ainsi posé, comme vous vous en apercevrez facilement, est de la catégorie de ceux qu'en mathématiques on appelle indéterminés, car il comporte plusieurs solutions, toutes également bonnes. En effet, je puis parfaitement partir du point que vous combattez et dire : « L'infini et l'éternité sont des propriétés immanentes de la matière. Donc que $b = \infty$, il n'y a pas besoin d'ajouter ce que dans ce cas devient $a$. »

Avant de passer à l'examen de l'ancienneté de l'homme, telle que vous l'établissez avec M. Faa de Bruno, et qu'en qualité de géologue je crois avoir le droit de contester, je soumettrai encore à vos lumières cette réflexion, qui me paraît très-naturelle. Cauchy, que vous citez à la page 4, s'exprime en ces termes : « Ainsi, par exemple, puisque nous pouvons *affirmer* qu'il n'existe en ce moment qu'un nombre fini d'étoiles, il n'est pas moins certain que le nombre d'étoiles qui ont existé est pareillement fini. »

Peut-on, dans l'état actuel de nos connaissances astronomiques, supposer que le nombre des corps célestes soit fini ? Comment, en partant de l'attraction universelle, arriverez-vous à expliquer le mouvement des astres si vous croyez que leur nombre soit fini ? Il me semble plus raisonnable d'admettre que l'univers est, d'après la belle expression de Pascal, une sphère dont le centre est partout et la circonférence nulle part. Je suppose un corps céleste lancé dans l'espace. Pourquoi s'y maintient-il ? pourquoi décrit-il des courbes régulières ? Evidemment parce qu'il est attiré par d'autres corps, en vertu des lois bien connues de la masse et de la distance. Mais ces autres corps, pour se mouvoir, ont à leur tour besoin d'être attirés, et ainsi de suite... Si, par .a pensée, dans cette analyse de l'action réciproque des astres, vous vous arrêtiez à un certain moment, vous seriez obligé d'admettre que quelques-uns des corps soient attirés d'un côté sans l'être de l'autre, et dans cet état l'équilibre n'est plus possible : la merveilleuse harmonie cosmique qui s'offre à nos regards se change instantanément en un effroyable chaos. Il me semble qu'il y a là une grande probabilité pour la croyance à l'infinité de cette vile matière que vous dédaignez tant. Je dis *probabilité*, car, en dehors de la science, pour moi il n'y a pas de *certitude*.

J'arrive maintenant à la tradition biblique sur l'origine de l'homme. M. Faa de Bruno en a voulu donner une preuve mathématique, et j'avoue que la manière dont il s'y prend est très-ingénieuse.

La démonstration, au premier moment, paraît irréfutable, mais malheureusement pour la Bible, on s'aperçoit bientôt qu'il n'en est pas ainsi.

Le calcul du savant professeur de Turin est un paradoxe, et je m'étonne vraiment de vous voir dire que c'est une *vérité*.

Il me semble que, pour qu'un calcul puisse s'appliquer à un fait naturel, il faut avant tout, pour pouvoir arriver à un résultat certain, que les données de l'expérience ou de l'observation dont nous disposons soient vraies; or c'est justement ce qui n'est pas dans la formule de M. Bruno.

Il prend pour l'augmentation annuelle de la population humaine le chiffre $\frac{1}{200}$. S'il est approximativement vrai pour *certains* pays et de *notre temps*, il est radicalement faux si nous voulons l'appliquer au passé.

Il est une loi élémentaire de l'histoire d'après laquelle l'humanité ne reste jamais stationnaire; chaque pas vers le progrès amène une modification non-seulement morale, mais aussi physique dans la société. C'est ainsi que nous savons très-bien, d'après les statistiques les plus accréditées, que la mortalité diminue, que la vie moyenne augmente, à mesure que le bien-être se propage dans toutes les classes. D'un autre côté, l'histoire nous apprend que les circonstances au milieu desquelles vivent les hommes, et par conséquent leurs mœurs et leurs habitudes, ont changé.

Il répugne donc au simple bon sens d'admettre un chiffre unique pour l'augmentation de la population, non-seulement depuis 5,000 ans, mais même depuis 100 ans. Il faudrait, pour être approximativement dans le vrai, pour chaque dizaine d'années, adopter une autre fraction, qui, quand nous arriverions aux peuples primitifs, différerait autant de $\frac{1}{200}$ que l'homme des cavernes contemporain du mammouth différait de l'homme de nos jours. Mais ce calcul n'est pas possible, et d'ailleurs il est tout à fait inutile.

Pour faire de l'histoire, nous n'avons pas besoin de mathématiques, car l'humanité n'est pas un chiffre abstrait; elle est composée d'individus doués de toutes autres propriétés que les unités des mathématiciens, de propriétés qu'il vous sera toujours impossible de mettre en équations. C'est une immense erreur de croire qu'on puisse découvrir les lois historiques par des formules d'arithmétique ou d'algèbre et une erreur, il faut le dire, très-répandue parmi ceux qui s'occupent d'analyse mathématique.

Si nous voulons être philosophes, laissons à chaque science son but et ses moyens d'investigation, ne confondons pas les méthodes propres à chaque branche des connaissances humaines, car cette confusion, comme l'expérience l'a prouvé, est funeste au progrès intellectuel.

Ne faisons donc pas intervenir les mathématiques dans l'histoire du genre humain, c'est une fausse route qu'on ne peut suivre qu'au risque de s'égarer dès les premiers pas. Au lieu de poser des problèmes dont toutes les données sont inconnues et arbitraires, tâchons de chercher la vérité dans un autre ordre de faits plus palpables et partant plus certains.

Ces faits, la géologie nous les présente et sous une forme qui exclut toute discussion.

Ne tenons pas compte, si vous voulez, des recherches de M. Desnoyers, qu'on ne peut cependant pas taxer d'athéisme, et auquel on doit la découverte des os travaillés par l'homme dans le terrain pliocène, par exemple, dans la localité classique de St-Priest, près Chartres. Mais n'oublions pas ce fait incontestable, que l'homme a été contemporain de l'ours des cavernes et par conséquent plus ancien que le mammouth, qui lui-même a paru avant le renne auquel a succédé l'aurochs. L'homme a donc vu quatre faunes successives, d'après la classification du savant M. Lartet, aujourd'hui admise par les géologues de tous les pays.

D'un autre côté, les monuments historiques les plus anciens nous montrent des animaux en tout semblables à ceux qui vivent de nos ours. Or, ces monuments, qui sont les inscriptions égyptiennes, datent de près de 3,000 ans ; donc, les espèces actuellement vivantes et postéeures aux espèces anté-diluviennes ont *au moins* 3,000 ans d'existence. Si nous admettons le même chiffre pour les autres faunes, nous aurons 12,000 ans qui exprimera la date de l'apparition de l'homme réduite à sa moindre valeur possible. Ce chiffre, qui est déjà cependant près de trois fois plus grand que celui que vous adoptez, n'est probablement rien en comparaison de celui qu'il faudrait admettre pour s'approcher de la vérité.

Tel est du moins l'avis des plus grands géologues. Vous savez qu'Agassiz estime à plus de 100,000 ans l'existence de l'homme sur la terre, et que Lyell, dans le discours qu'il a prononcé à la dernière réunion de l'Assistance Britannique pour l'avancement des sciences, s'est exprimé en ces termes : « Quand on nous demande des milliers de siècles pour expliquer les événements de l'époque moderne, nous éprouvons comme une horreur d'avare à faire une pareille dépense de temps. Nous avons, en effet, été accoutumés, dès notre enfance, à une économie si sévère dans tout ce qui a rapport à la chronologie de la terre et de ses habitants, nous avons été tellement imbus de vieilles croyances traditionnelles, que, lors même que notre raison est convaincue, et que nous comprenons la nécessité d'être plus libéral sous ce rapport, nous sentons combien il est difficile de secouer une vieille habitude de parcimonie. »

De tout ce qui précède, je crois donc pouvoir conclure que vous employez vos profondes connaissances à la défense d'une mauvaise cause, d'une cause que la science a depuis longtemps irrévocablement condamnée et que la métaphysique même la plus transcendante commence à abandonner.

Contre le fait sanctionné par la science, aucun raisonnement ne saurait s'élever devant l'évidence matérielle, aucune argumentation n'est possible.

J'ai cru pouvoir vous soumettre les doutes que m'a suscités la lecture de votre brochure, et dans l'espoir que vous voudrez bien me faire part de votre réponse, je vous prie, monsieur, d'agréer l'expression de ma considération distinguée.

WYROUBOFF.

INTITULÉES :

# A PROPOS D'UN ARTICLE

INSÉRÉ DANS LE *Courrier des Sciences* (1).

---

Nous ne pouvons, faute d'espace, réfuter toutes les théories soi-disant scientifiques publiées par les journaux ennemis du christianisme, et qui ont à la science des prétentions plus ou moins fondées ; mais nous ferons une exception pour un article que vient de publier le *Courrier des Sciences* et qui a pour auteur M. Wyrouboff. La raison de cette exception, c'est que nous connaissons le jeune auteur, et que nous déplorons sincèrement qu'il suive une si triste direction dans les études dont il pourrait tirer plus de profit pour lui-même et pour ceux qu'il sera peut-être un jour appelé à instruire, en qualité de professeur. Nous le prions de croire que le présent article ne nous est inspiré que par le désir de lui être utile, et de prévenir en même temps ses jeunes compatriotes contre les entraînements d'une science fausse, dont on fait beaucoup de bruit en Occident, et qui n'a en réalité que de vaines apparences. Lorsque les années n'ont pas encore mûri le jugement, on est porté naturellement à subir l'influence de ces apparences trompeuses ; mais avec l'âge on regrette ces emportements de la jeunesse, et nous sommes certain que, plus tard, M. Wyrouboff désavouera l'article qu'il a communiqué au *Courrier des Sciences*. Il comprendra mieux alors cette sentence de Bacon, un des savants qui ont fait le plus d'honneur à l'esprit humain : « Un peu de science éloigne de la religion ; beaucoup de science y ramène. » Dans son article, il a cité Pascal avec éloge, sans toutefois l'avoir compris. Or, il doit savoir que Pascal, un des plus profonds génies scientifiques qui aient existé, était en même temps un vrai chrétien. Newton et Euler, Descartes et Corpernic, l'étaient de même, et nous pourrions lui citer mille autres noms qui font la gloire de la science et du christianisme.

(1) Extrait de l'*Union chrétienne*, 29 janvier 1865.

Ceci doit lui donner à réfléchir et lui persuader que le mot d Bacon pourrait bien renfermer une grande vérité.

M. Wyrouboff a eu pour but, dans son article, de réfuter un travail de M. Moigno. Ce dernier savant avait cherché à démontrer mathématiquement que l'apparition de l'humanité sur la terre ne peut être antérieure à l'époque assignée par la chronologie biblique généralement admise. Pour arriver à ce résultat, il s'est fondé sur une donnée statistique qui fixe les développements numériques de l'humanité, et, appuyé sur cette base, il arrive à un seul couple, existant à l'époque biblique, et duquel l'humanité entière est sortie.

M. Wyrouboff conteste la base sur laquelle M. Moigno a établi son argumentation, et les conclusions qu'il en a tirées. Mais un vrai savant ne se contente pas de nier, il oppose une base à celle qu'il conteste, des preuves aux preuves données par celui qu'il a voulu critiquer. M. Wyrouboff était donc obligé d'établir une statistique plus vraie que celle de M. Moigno, ou de prouver que les calculs établis sur cette base sont faux. Or, il n'a pas contesté, et pour cause, les calculs du savant mathématicien. A-t-il du moins opposé une base statistique plus certaine que celle de M. Moigno ? Nullement. Il se contente de phrases qui se réduisent à ceci : On ne peut établir de règle générale de statistique pour le développement de l'humanité, parce que l'humanité ne reste pas stationnaire et que les conditions de l'existence se modifient en raison d'un état social plus ou moins prospère. Ce n'est pas là une réponse sérieuse. Personne ne prétend que l'humanité reste stationnaire, et M. Moigno l'a si peu prétendu qu'il a entrepris de calculer *ses développements.* Que l'humanité subisse des modifications *accidentelles* en raison des circonstances de la vie sociale, personne ne le conteste ; mais ce qu'il faudrait établir, c'est qu'au-dessus de ces modifications accidentelles, il n'existe pas *une moyenne* qui se trouve la même aux différentes périodes de l'humanité. Or, M. Wyrouboff ne pourra jamais prouver qu'il n'en a pas été ainsi. Cette moyenne, M. Moigno l'a prise pour base de ses calculs, et, jusqu'à preuve du contraire, nous la regarderons comme vraie ; car, si l'humanité a subi des modifications, l'histoire atteste que ces modifications ont toujours été soumises aux mêmes alternatives de progrès et de décadence.

M. Wyrouboff trouve mauvais que M. Moigno ait fait des mathématiques à propos d'histoire. Le reproche est fort injuste. M. Moigno n'a pas prétendu faire de l'histoire. Il a pris un chiffre qui lui a semblé exact ; il en a tiré des conséquences mathématiques. Ne peut-on pas faire des calculs à propos *du nombre* des hommes, aussi bien qu'à propos de tout autre *nombre?* Né peut-on pas supputer le chiffre de l'humanité en prenant pour base une donnée statistique, sans encourir le reproche d'imposer à l'histoire les lois mathématiques? Si M. Wyrouboff y eût un peu plus réfléchi, il aurait reconnu que l'histoire est le récit des faits d'après les monuments que nous ont légués les générations passées, et que M. Moigno n'a pas eu la plus minime prétention à l'histoire. Il a fait des mathématiques et seulement des mathématiques; il n'a point subordonné l'histoire au calcul, comme M. Wyrouboff le lui a reproché à tort.

Les autres critiques adressées à M. Moigno par le jeune écrivain ne sont pas plus fondées. Malgré sa promesse d'être *positif* et de s'appuyer sur des *faits*, M. Wyrouboff n'a invoqué aucun fait scientifiquement prouvé, et s'est appuyé sur des données philosophiques absolument fausses. Ainsi, aucun philosophe n'admettra ce principe qu'il a émis : « Les lois scientifiques ne peuvent pas être fausses si les faits sont vrais ; *car la loi*, en définitive, n'est que *le fait se répétant toujours de la même manière dans les mêmes circonstances.* » *Le fait* se répétant ainsi atteste *une loi* en vertu de laquelle il se répète et qui est *la raison* de cette répétition identique ; mais le fait n'est pas la loi elle-même. M. Wyrouboff a pris *l'effet* pour *la cause*. De la répétition du même fait dans des circonstances analogues on conclut légitimement qu'il y a *une raison* pour laquelle le fait se répète ainsi ; cette raison, c'est ce qu'on appelle *loi*. Le fait ne peut être sa propre raison à lui-même ; la preuve, c'est que si une seule circonstance est modifiée fortuitement, le même fait ne se répète pas de la même manière. Les rouages d'une horloge ajustés avec précision fonctionnent identiquement tant qu'une cause quelconque ne vient pas déranger ou entraver le mécanisme. Les faits dans ce mécanisme parfaitement ganisé se répètent. En conclura-t-on que ces faits n'ont d'autre loi qu'eux-mêmes ? Évidemment ils ne se répètent de la même manière que par cette raison : qu'un mécanisme savant a déterminé les mouvements, c'est-à-dire *les faits*, lesquels faits n'existeraient pas sans le mécanisme qui en est *la raison* ou *la loi*.

M. Wyrouboff n'a inventé sa théorie du *fait-loi* que pour se passer de *la cause*, de *la loi* première de la nature, qui est Dieu. Dieu, à ses yeux, est une superfétation, une pure imagination, un mythe parfaitement inutile. Il n'aperçoit que la matière et, pour lui, la matière est l'être *infini* ou l'être *indéfini*, car il donne à ces deux mots un sens analogue. Encore, sur ce point, le philosophe et le savant ne lui donneront pas plus raison que le dictionnaire français. « Je puis supposer, dit le jeune écrivain, et cette supposition n'a rien qui blesse l'intelligence, que j'ajoute les uns aux autres des chiffres dont le nombre *sera toujours indéterminé* et croîtra *indéfiniment*, puisque je ne m'arrêterais jamais. Vous m'objecterez peut-être que cette addition *infinie* est impossible, etc. » Nous ferons remarquer à M. Wyrouboff que l'*infini* est ce qui n'est susceptible ni d'addition ni de soustraction. Dans sa supposition, *il ajoute* des chiffres d'une manière *indéfinie ;* dès qu'*on ajoute* un chiffre à ceux qui existent déjà, *on augmente ;* et les chiffres qu'on ajoute étant soustraits, *on diminue ;* or, l'infini n'est susceptible ni de l'une ni de l'autre de ces opérations. Un nombre quelconque repose toujours sur l'*unité ;* on peut toujours y ajouter *une unité,* donc il ne peut être *infini* ni en lui-même ni dans l'imagination de qui que ce soit. Il en est ainsi de la matière. Par sa nature même elle est *divisible.* On ne peut donc jamais la concevoir *complète.* Que l'on suppose la matière aussi étendue qu'on le voudra, on pourra toujours y ajouter quelque chose. L'idée d'addition ou de soustraction est inhérente à celles du nombre et de la matière ; l'idée de l'infini, au contraire, exclut toute idée d'addition ou de soustraction. Que cet infini on l'appelle *Dieu,* qu'on l'appelle de mille autres noms, peu importe. Un fait certain, c'est que l'idée d'infini exclut toute idée d'addition ou de soustraction. M. Moigno appelle l'infini Dieu ; il a donc pu légitimement partir de Dieu comme d'un axiome scientifique et philosophique, car Dieu signifie l'*infini,* et cet infini existe. M. Wyrouboff lui-même en convient, tout en prétendant que l'infini, c'est la *matière.* « N'oublions pas, dit-il, que Dieu et la matière, étant des abstractions, sont des termes *comparables ;* désignons Dieu par *a* et la matière par *b. a,* dites-vous, $= \infty$ ; *b* au contraire ne peut pas être $= -\infty$, mais pourquoi ? » Le pourquoi est simple, c'est que *a* représente l'infini, l'indivisible, qui ne peut être ni augmenté ni diminué, tandis que *b* représente le divisible, ce qui, par conséquent, ne peut être infini. Les deux termes ne sont donc pas *comparables,* puisqu'ils expriment deux objets essentiellement distincts. Donc si $a = \infty$, *b* ne peut être $= \infty$. M. Moigno n'est donc pas parti d'*un article de foi,* comme le lui reproche son jeune adversaire, mais d'une idée parfaitement claire, d'un objet déterminé, d'un axiome qui ne peut être ni scientifiquement ni philosophiquement contesté. M. Wyrouboff part au contraire d'une idée fausse et contradictoire comme d'un principe : « Je puis, dit-il, parfaitement partir du point que vous combattez et dire : « L'infini et l'éternité sont des propriétés immanentes de la matière. Donc que $b = \infty$. Il n'y a pas besoin d'ajouter ce que dans ce cas devient $a$. » M. Wyrouboff a certainement la liberté de mal raisonner ; mais un savant n'a pas le droit, comme savant, de partir d'une idée fausse comme d'un axiome. La matière étant *nécessairement* divisible ne peut être l'infini et ne peut, par conséquent, avoir aucune des propriétés de l'infini. $b$ représentant un objet *divisible*, il est scientifiquement défendu d'écrire cette formule : $b = \infty$. $a$, au contraire, représentant l'indivisible, on a droit d'écrire $a = \infty$. *Il n'est pas besoin d'ajouter ce que dans ce cas devient $b$.*

Comme mathématicien, M. Wyrouboff a complétement échoué dans sa lutte contre M. Moigno. Voyons si, *comme géologue*, il a été plus heureux ; car M. Wyrouboff se donne *comme géologue*. L'est-il ? Nous l'ignorons, car il n'a jamais rien publié sur cette science. Mais, enfin, il prétend l'être, et nous voulons bien le croire sur parole. Nous n'avons pas, nous, d'aussi hautes prétentions à la science, et nous comprenons qu'on ne peut prendre un titre scientifique quelconque qu'après avoir prouvé au public, par de savants ouvrages, qu'on y a droit. Nous ne prenons donc pas le titre de géologue ; cependant cette science ne nous est pas tout à fait étrangère, et nous avons lu assez d'ouvrages sur ce sujet pour pouvoir apprécier les assertions de M. Wirouboff, et être persuadé que la géologie est une science encore dans l'enfance et qui n'a pas le droit de tirer de conclusions générales des faits particuliers qu'elle a constatés jusqu'ici. Nous n'en voulons pour preuves que les divergences profondes et fondamentales qui existent entre les divers géologues touchant les déductions générales que tous ont tentées. Parmi eux, les uns sont de tout point d'accord avec la Bible ; les autres au contraire, prennent en pitié ce livre. M. Wyrouboff appartient à cette dernière école, et, dans son article, il s'est émancipé jusqu'à cette expression hasardée : « *malheureusement pour la Bible*, » etc. Il est plus juste de dire : *malheureusement pour la science* de M. Wyrouboff, elle n'est pas d'accord avec la Bible, car la Bible, sans être un livre scientifique, contient des données positives que les savants peuvent, sans s'humilier, prendre pour but de leurs recherches. Plusieurs l'ont fait, et nous citerons M. Marey-Monge, qui porte avec honneur un des plus beaux noms scientifiques des temps modernes. Il a publié un livre dont le titre seul attire l'attention : *L'accord de la Bible et des sciences.* Il y débute ainsi : « Lorsqu'on cherche l'infinie vérité qui est *Dieu*, on est frappé du concert harmonique que font entendre les sciences en général, et *la géologie,* ces archives du globe, *en particulier.* » C'est là un début qu'eussent signé Newton et Pascal, mais qui scandalisera sans doute M. Wyrouboff. Que le jeune écrivain puisse citer en sa faveur certains géologues, nous ne le nions pas ; mais nous soutenons que nous pourrions lui en citer d'autres en sens contraire, ce qui prouve au moins que la géologie n'a pas encore le droit de poser ses conclusions controversées en face des données positives de la Bible.

En résumé, M. Wyrouboff ne veut pas de Dieu, il ne croit qu'en la matière. Donc il est *athée* et *matérialiste.*

On a vu s'il a su justifier *scientifiquement* ces deux affreuses doctrines. Que serait-ce si nous voulions faire ressortir toutes les erreurs qui se cachent sous toutes les phrases de l'article que nous examinons et en déduire les conséquences pratiques ! M. Wyrouboff parle çà et là, dans son article, de *bien,* de *vrai,* de *juste,* d'*harmonie cosmique,* etc. Qu'est-ce que tout cela, si Dieu et l'âme n'existent pas ? Si M. Wyrouboff ne croit qu'à l'*homme-machine* de La Mettrie, ou à l'homme *tuyau-digestif* de Saint-Lambert, il ne peut admettre d'autre morale que celle d'Helvétius, c'est-à-dire le plaisir sensuel et l'intérêt. Quant aux idées de *juste,* de *beau,* de *bien,* elles se résument toutes dans l'*égoïsme ;* et comme cet égoïsme sera l'unique vertu *de tous,* il s'ensuivra que la société n'aura pas d'autre loi que *la force.* Le fort écrasera le faible ; les faibles ne s'associeront que pour écraser le fort, qui lui-même cherchera appui pour écraser les faibles. Violence d'un côté, crainte servile de l'autre, tel est l'état social qui résulte de l'athéisme et du matérialisme ; le crime le plus atroce ne sera plus qu'un acte indifférent qui ne sera jugé qu'au point de vue de l'utilité individuelle qui en est résultée ; les tribunaux n'auront plus de raison d'être, et ce qui passe aujourd'hui pour crime ne pourra être considéré que comme un résultat nécessaire de l'organisme.

Une doctrine qui a de telles conséquences peut-elle être vraie ? Quel horrible système que celui dans lequel l'homme ne peu être honnête sans être inconséquent ! Voilà pourtant ce qui séduit les prétendus savants qui marchent intrépidement de mystères en mystères, de contradictions en contradictions, pour arriver en définitive à des atomes sans raison d'être, dénués d'intelligence, et qui, par suite d'impulsions diverses qui sont autant de mystères, arrivent à produire l'harmonie, l'intelligence et le sens moral ! Et ces savants se proclament *positivistes!* et ils se vantent de n'admettre que des faits certains, que des axiomes incontestables !

Que **M.** Wirouboff veuille bien y réfléchir avant de se lancer plus avant dans ses affreux systèmes. Il est jeune; il a besoin d'étudier encore beaucoup, beaucoup sans idée préconçue, avant de se former une opinion arrêtée. Il n'est qu'au seuil de la science. Qu'il ne compromette pas son avenir par des publications du genre de celle qu'il a eu la malheureuse idée de communiquer au *Courrier des Sciences.* Comme savant et comme honnête homme, il la désavouera un jour. Pour nous, nous n'y attachons pas grande importance et nous consentons d'avance à l'excuser à cause de la jeunesse et de l'inexpérience de l'auteur. Si nous l'avons relevée, nous n'avons eu qu'une intention amie, celle de détourner un jeune homme estimable d'un abîme où s'engloutiraient sa science, son intelligence et sa moralité ; d'en détourner d'autres jeunes gens dignes d'un meilleur avenir. Il va sans dire que si **M.** Wyrouboff veut répondre dans les colonnes de l'*Union chrétienne,* sa réponse sera insérée. Nous n'avons pas eu pour but de défendre **M.** Moigno, qui répondra bien lui-même s'il juge l'attaque digne de lui. Nous n'avons eu que l'intention de relever quelques-unes des graves erreurs de M. Wyrouboff, afin de l'engager à donner à ses études une direction plus honorable, plus raisonnable, plus logique, plus digne enfin d'un homme qui veut avoir droit à la considération et aux sympathies des gens de bien.

L'abbé GUETTÉE.

# L'ESPRIT

# DE L'ABBÉ GUETTÉE

ET

DE SA LETTRE

---

L'*Union chrétienne*, journal russe, inconnu du reste (1), vient de publier (29 janvier) un article très-véhément en réponse à une lettre « que M. Wyrouboff a eu la malheureuse idée de communiquer au *Courrier des Sciences* » (15 janvier 1865). Cet article, fort pauvre comme idée et surtout comme science, ne mériterait certainement pas qu'on prît la peine d'y répliquer ; mais il renferme une arrière-pensée qui caractérise assez bien la lutte entre les défenseurs des vieilles doctrines, des vieux préjugés et les libres penseurs. Rappelons en quelques mots les points principaux de la discussion. L'abbé Moigno publie dans *Les Mondes* un article portant ce titre prétentieux : *Démonstration mathématique du dogme de la création et de la récente apparition de l'homme sur la terre*. M. Wyrouboff, s'élevant avec raison contre les calculs du savant mathématicien, lui fait voir que ses données sont fausses, et qu'elles amènent par conséquent à un résultat ne méritant aucune confiance. Il lui montre que ce n'est pas dans les formules d'algèbre qu'il faut chercher la solution tant controversée de l'ancienneté de l'homme, et il expose en quelques mots les récentes découvertes archéo-géologiques qui offrent des données assez certaines pour une évaluation au moins approximative du nombre d'années écoulées depuis l'apparition de notre espéce sur le globe terrestre. — A tous ces faits, renfermés dans les limites de la science positive, qu'oppose l'abbé qui a signé l'article de l'*Union chrétienne ?* Beaucoup de phrases, de dissertations sur la différence entre *infini* et *indéfini* (2), sur la *divisibilité de la matière* (3) ; mais

---

(1) Paris, rue du Faubourg-Saint-Honoré, 48.

(2) Inutile de montrer que l'abbé n'a pas compris le sens de ces deux mots. Une série *indéfinie*, mathématiquement parlant, c'est-à-dire illimitée, conduit comme résultat à l'*infini*. Exemple, la valeur de $\pi$.

(3) Nous pourrions rappeler que, si la matière est abstraitement, théorique·

pas un seul fait. Au lieu de réfuter scientifiquement ce qui avait été scientifiquement avancé, l'abbé, qui ne paraît avoir saisi que la portée, mais non les développements de son adversaire, crie à l'athéisme, se confond en lamentations ; il injurie « le jeune auteur dont les années n'ont pas encore mûri le jugement, » l'appelant égoïste, malhonnête, etc. Ce sont là de bien faibles armes, telles d'ailleurs que les théologiens en emploient contre les savants. Changer la discussion d'une thèse scientifique en une attaque contre la personnalité, c'est avouer son impuissance ; écrire, sur une lettre à dessein publiée en France, — cette terre de la liberté philosophique où le positivisme s'affirme de plus en plus, et contre un jeune savant trop connu déjà pour ses idées progressistes, une réfutation sous forme de *dénonciation*, qui peut avoir des suites fort graves, dans le pays encore demi-barbare qu'habite M. Wyrouboff, au moins, — c'est commettre une lâcheté « que l'intention *amie* de détourner un jeune homme estimable d'un abîme où s'engloutiraient sa science, son intelligence et sa moralité ; » le désir charitable de convertir une brebis égarée, « d'être utile à un auteur qu'*on connaît personnellement*, » ne sauraient certainement justifier. Comme l'a dit le poète :

> Rien n'est si dangereux qu'un imprudent ami,
> Mieux vaudrait un sage ennemi.

Ce sont ces considérations qui m'ont décidé à prendre la parole pour mon ami Wyrouboff, puisqu'il juge au-dessous de lui de continuer une pareille polémique avec de pareils arguments. Il est de ceux qui disent : « On ne discute pas l'Encyclique. » Mais je ne suis pas de cet avis, parce qu'on peut prendre en pareil cas le silence pour de l'indifférence, sinon même pour une adhésion ou l'aveu d'une erreur. L'école orthodoxe mettrait volontiers le mutisme au compte de son bénéfice.

Je passerai sur les injures, qui ne peuvent jamais rien et qu'on retrouve si souvent dans la bouche de ces MM. de la métaphysique : genre *Déodat* du *Fils de Giboyer* ; mêmes rancunes,

ment parlant, divisible, jusqu'à une certaine limite, Dieu l'est aussi, même pour la foi. Si donc vous considérez la matière comme *finie* parce qu'elle est divisible, Dieu le deviendra également ; c'est la conséquence du principe de l'abbé. Si Dieu est *infini* tout en étant divisible, pourquoi la matière ne le serait-elle pas aussi ? etc., etc.

même amour du passé, même style, moins le talent. Jugez de
ce qui reste. En dépit de leurs adversaires, l'œuvre des philosophes *révolutionnaires*, comme on les appelle, s'avance écla-
tante comme la science et la lumière. Ils ont conquis la sympa-
thie de la jeunesse, des nouvelles générations, en renversant
l'édifice lézardé de la vieille scolastique, en jetant son fatras à
tous les vents. Dans l'ombre s'agiteront longtemps encore les
séides furibonds de l'obscurantisme : laissons-les faire. Mais
qu'au moins ils ne viennent pas à tout propos nous agacer de
leur insolence, croyant ainsi donner le change à force d'audace
et prouver que le jour est la nuit, que la nuit est le jour.

Il y aurait beaucoup à dire si je voulais analyser en détail
le fond de l'article de l'abbé Guettée, car chacune de ses phrases
est un aphorisme, une affirmation plus que contestable : aussi
me contenterai-je de relever les plus grossières erreurs. Ici,
d'ailleurs, je n'aurais que l'embarras du choix. L'article de
M. Wyrouboff se fondait sur des vérités de deux sortes, sur des
lois mathématiques et des faits géologiques. Il fallait donc nécessairement avant tout prouver que ces vérités sont des erreurs. Eh
bien, voulez-vous savoir jusqu'où va la science mathématique
de l'abbé? En voici un excellent exemple. En citant une phrase
de M. Wyrouboff, il écrit : « $a = \infty$; $b$, au contraire, ne peut
pas être $= - \infty$. » Or, dans la lettre de M. Wyrouboff, telle
que l'a reproduite le *Courrier des Sciences* du 15 janvier dernier, le signe *moins* était évidemment une faute d'impression,
produisant une absurdité que M. Guettée aurait certainement
dû relever s'il avait eu les notions les plus élémentaires de l'algèbre. Il s'est contenté de copier le signe de l'infini comme on
copie une lettre chinoise.—Voilà pour les mathématiques. Quant
à la géologie, c'est encore bien pire. Il n'ose même pas l'aborder, tout en se donnant pour géologue et en récusant ce titre à
son adversaire. Il écrit seulement que les faits invoqués par
M. Wyrouboff ne signifient rien, car « *la géologie est une science
encore dans l'enfance et qui n'a pas le droit de tirer des conclusions générales des faits particuliers qu'elle a constatés jusqu'ici.* »
Oubliant qu'il n'y a pas de science sans points encore litigieux,
il se fonde, pour incriminer la géologie, sur « les divergences
profondes entre les divers géologues touchant les déductions
générales..., les uns étant de tout point d'accord avec la Bible,
les autres, au contraire, prenant en pitié ce livre... La géologie,
ajoute-t-il, n'a pas encore le droit de poser ses conclusions controversées en face des données *positives* de la Bible. » Je pourrais

montrer que la Bible, aujourd'hui abandonnée comme criterium
de l'histoire, ne peut guère être considérée comme celui de la
géologie. Mais passons. M. Wyrouboff a cité les recherches de
M. Desnoyer et de M. Lartet, ces deux savants dont les travaux
sont appréciés de tous : quelle est donc l'autorité qu'invoque
l'abbé pour les combattre ? Serait-ce celle de Buckland ou de
Cuvier ? Pas le moins du monde. Il cite un M. Marey-Monge,
auteur de l'*Accord de la Bible et des sciences*, « *dont le titre seul
attire l'attention*, » peut-être l'unique remarque admissible dans
l'article. Son héros « *porte avec honneur un des plus beaux
noms scientifiques des temps modernes.* » Juste ce qu'on dirait
tout au plus des Verneuil, Murchison, Lyell, Prestwich, Des-
hayes, Boucher de Perthes, pour ne citer que des géologues.
Quant à moi, j'avoue que ce livre « dont le début eût fait envie
à Newton et à Pascal », n'a jamais éveillé mon attention : tout
en croyant un peu connaître la bibliographie d'une science
dont je m'occupe depuis longtemps, j'ignore complétement
quels sont les « *beaux travaux géologiques de M. Marey-
Monge* » (1).

Voilà, ce me semble, constatée l'ignorance complète de l'abbé

(1) Depuis que ces lignes ont été écrites, j'ai fini, à force de recherches en
librairie, par déterrer l'*Accord de la Bible et des sciences éclairant certains faits
obscurs* (58 pages, 1 fr.; chez Mallet-Bachelier). Je connais peu d'œuvres aussi
pittoresques. Voici la table des matières de cette « géogénie plus catholique
que les autres. » Il suffit de citer : § 1. — « *Jour* pris pour *jour* et non pour
*époque*. » «Plus chrétien que saint-Augustin, qui ne connaissait pas la géologie,»
M. Monge admet donc à la lettre « le style savant de Moïse, » de manière que
sa nouvelle « théorie satisfait pleinement l'esprit, serrant de plus près la Bible
et la science, et montrant la manière dont un catholique sincère, qui a la foi
profonde que la vérité est dans les saintes Écritures, peut souvent la dégager
en l'expliquant et traduisant en langage du jour... L'incandescence de la terre
primitive correspond au *fiat lux;* le soleil a été créé le quatrième jour; le
*refroidissement superficiel et complet de la terre a eu lieu en six jours.* Nous
nous appuyons non sur l'immensité incompréhensible du temps, mais sur
l'immensité moins incompréhensible du pouvoir créateur décrit par Moïse,...
cet homme, qui, du haut des siècles, semble, par l'inspiration divine, avoir
devancé la science. »

§ 2. — « Création progressive de l'univers en six jours; époque anté-diluvienne et époque historique post-diluvienne. » 1ᵉʳ *jour* : la lumière, venant de
l'infini, embrase tous les astres secondaires qui reçoivent leur premier mouvement de rotation sur place... 2ᵉ *jour* : condensation des vapeurs et *cuisson*
de trois jours (3ᵉ, 4ᵉ, 5ᵉ jour) par le feu central renfermé dans l'écorce durcie;
4ᵉ *jour* : le soleil et les astres sont créés (3 jours après leurs planètes, qui
déjà tournaient sur place et qui avaient reçu leur rotondité par leur rotation)... Quand tous les astres sont suffisamment arrondis, translation établie.

Guettée en matière de connaissances positives. Il est dès lors tout à fait inutile d'entrer dans les détails, car une vérité depuis longtemps reconnue montre qu'on ne peut spéculer sur la philosophie scientifique sans avoir fait de sérieuses études dans les

5e et 6e *jour :* fin des condensations des petits astres. Sur la terre création de l'homme, perfection du règne animal. » — Epoque anté-diluvienne.

« Après 1656 ans d'existence, l'équilibre de la terre est rompu, l'axe de rotation de la terre s'incline, les mers débordent. »

§3. — Lumière. 1o Ether, provenant de Dieu, « foyer de lumière, infiniment éloigné, brillant sur tous les mondes d'une poussière d'or et d'étoiles » (*) ; 2o lumière solaire. « Le soleil a été allumé comme une allumette. »

§ 4. « La terre vaporeuse (*fiat lux*). »

§ 5. « Faire le jour et la nuit veut dire rotation du globe sur lui-même. Faire les saisons et les années veut dire translation. »

§ 6. « Le mouvement suivant l'écliptique.... La terre tournait *tranquillement* sur place depuis 3 *jours*, quand, *tout à coup*, le 4e jour, au moment où le soleil paraît, elle est lancée suivant l'écliptique avec une vitesse finale de 700,000 lieues par jour. Il en résulta un grand changement dans la distribution de la chaleur et des lieux (on le comprend; la terre eût même dû s'aplanir en disque), ce que les fossiles et la forme géographique des continents accusent. Un déluge glacial s'ensuivit; de sorte que les animaux créés le 6e jour *au grand complet*, la *mort commençant avec la vie*, furent *noyés en masse au pôle nord*... De là ces éléphants fossiles du pôle nord, ayant des poils parce qu'ils furent créés après le refroidissement par le mouvement de l'écliptique, tandis que les végétaux du pôle nord sont tropicaux *parce qu'ils* ont été créés le 3e jour, etc., etc. Tous les fossiles animaux ont été créés et détruits le 6e jour. »

§ 7. « Refroidissement superficiel de la terre *en six jours*, contrairement aux calculs de Fourier, Laplace, Poisson. »

§ 7. « Création végétale et animale *instantanée*, complète et multiple d'espèces dans les trois grandes divisions, au lieu de successivement perfectionnée. »

§ 8. « Interprétation *spirituelle* du verset 28. »

La seconde partie intitulée *Genèse* est plus curieuse encore. C'est un très-long tableau que nous regrettons de ne pouvoir reproduire. D'une part, le *texte*, de l'autre la *correspondance géologique*. Le cambrien, qui ne serait autre que du carbonifère, ne commence qu'au troisième jour. Végétation abondante, parce que le sol est encore brûl. . Au 4e jour, le carbonifère (il résulte de la note de la page 14 que les stries des blocs quaternaires de Scandinavie se seraient faites à la même époque). Le 5e eut l'avantage de voir du matin au soir se déposer : permien, trias (que les géologues soient ensuite embarrassés de réunir ces deux terrains!), jurassique, crétacé (en l'espace de quelques heures, plus de 10,000 mètres de dépôt se précipitent!) (**) Le 6e jour, surgit le supercrétacé ou paléothérien et l'homme « mâle et fe-

(*) Comme le jour et la nuit furent créés dès le premier jour, trois jours avant le soleil, Dieu, qui n'a pas de position fixe dans l'espace, devait être alors lternativement lumineux et obscur. D'ailleurs, puisque Dieu « fit la lumière, » lle n'existait pas avant et elle est indépendante de lui.

**) C'est le 5e jour que commença seulement la vie animale (?).

sciences. L'éducation littéraire, qu'elle que soit d'ailleurs son incontestable utilité, ne suffît pas pour permettre de discuter en philosophie.

Voyons un peu maintenant si M. Guettée, qui s'imagine tout savoir, a du moins certaines notions sur l'histoire de la pensées humaine. Quelques citations, empruntées au hasard, montreront facilement que de ce côté il est encore plus ignorant que pour le reste. Il dit, par exemple, « qu'en résumé, *M. Wyrouboff ne veut pas de Dieu, il ne croit qu'en la matière; donc il est*

melle. » Voilà qui combat M. Moigno aussi bien que son pauvre avocat Guettée : l'homme n'est plus seulement quaternaire, comme l'avait fait M. Wyrouboff avec les savants du jour; le voilà tertiaire, et sans que cette antiquité ait à nous choquer, puisque « au déclin du 6e jour, Dieu considère avec satisfaction tout ce qu'il avait fait. » 1656 ans (pas un mois de plus) après cette rapide création du monde, déluge : avec Noé se sauve « une paire de chaque espèce d'animaux en général, deux paires des moins utiles et sept des plus utiles. » Il est vrai que « l'homme avait perdu, pour la multiplication de son espèce, un temps inconnu dans le paradis, jardin délicieux où il ne lui fut pas permis de pulluler, où les carnassiers, moins nombreux qu'aujourd'hui, *n'étaient là que pour nettoyer la terre des cadavres des herbivores,* impuissants à consommer la végétation de ce temps. Aussi l'harmonie régnait-elle entre cette masse d'animaux et l'homme inoffensif, pensant à plaire à son créateur et soutenu par une nourriture végétale qui adoucit les passions » (la Société protectrice des animaux nous rendra-t-elle ce paradis léguminifère ?) « Le paradis correspond à l'époque tertiaire (6e jour). » « Si les animaux fossiles présentent beaucoup de genres ou d'espèces perdus dans la nature animée, c'est qu'après le déluge ils n'étaient plus représentés que par une seule paire qui a bien pu périr par quelque accident fortuit. »

« L'an 601 de la vie de Noé, les eaux se retirèrent » et l'époque historique commença. Ainsi Noé vécut plus de 600 ans, mais la terre se fit en six jours, elle et tous les astres.

Enfin, la troisième partie comprend, on ne voit pas trop pourquoi, la liste des corps simples, de leur densité, de leur sensibilité, mêlée à la vie des dix patriarches avant et des dix après le déluge, à des expériences sur le refroidissement des boulets, sur le mont Ararat, sur le temps du séjour d'Adam au paradis, sur l'inclinaison de l'axe de la terre comme cause du déluge et de *l'arc-en-ciel (ce dernier § très-recommandable !)* (*) A cette salade-Monge succédent en dessert l'unité de l'espèce humaine, le peuplement du globe après le déluge, le fer, les montagnes.

Nous n'en finirions pas à citer toutes les curiosités du livre de l'illustre M. Monge. Nos lecteurs connaissent maintenant le rival de Pascal et de Newton ! Et l'on regrettera que nous ne soyons plus à l'époque où l'université de Paris répandait la seule science que lui avait léguée l'antiquité latine, en se croyant obligée de l'ajuster plus ou moins violemment au lit de Procuste appelé la théologie.

(*) « Quelle que soit la raison du déluge, elle vient toujours du Créateur... Une ligne déplacée dans la nature suffît à Dieu pour en changer la face; il p it l'axe de la terre et l'inclina quelque peu vers les étoiles du nord. »

*athée et matérialiste.* » De là, il arguë, en parodiant le sens de conversations que son jeune ami n'a craint de tenir trop confidentiellement avec lui, pour conclure ainsi : « M. Wyrouboff *ne peut admettre que la morale d'Helvétius.* » Un peu plus loin, M. Guettée reproche à l'adepte «de ces affreuses doctrines» et de « ces horribles systèmes » d'être du nombre de « ces prétendus savants qui, marchant intrépidement de mystères en mystères, de contradictions en contradictions..., se proclament *positivistes* et se vantent de n'admettre que des faits certains, que des axiomes incontestables. » Combien de contradictions! Le positivisme, doctrine essentiellement propre à notre siècle, et l'une des plus belles créations philosophiques du génie humain, diffère autant et même plus de l'athéisme que l'athéisme lui-même de la théologie. Dans son *Discours sur l'ensemble du positivisme,* M. Comte en établit la différence avec cette clarté et cette puissante logique qui lui appartenaient si bien. La *théologie* discute l'idée de Dieu en l'affirmant; l'*athéisme* la discute en la niant et en y substituant soit les atomes, soit toute autre entité considérée comme cause première ; le *positivisme* écarte cette double discussion comme une vaine subtilité de l'esprit, et se contente des résultats certains des sciences, toujours applicables, toujours utiles au progrès de l'humanité. Entre les deux premières doctrines, il n'y a qu'une discussion *de mots ;* entre les deux premières et la dernière, il y a une discussion de *choses.* — M. Guettée n'a rien compris de tout cela; il emploie les mots *positiviste, athée* et autres, mais il n'en saisit pas le sens. Il n'a évidemment lu ni l'œuvre remarquable de M. Comte, dont la seconde édition a cependant paru depuis peu, ni les ouvrages si connus de M. Littré, Buckle, J. S. Mill., Lewes, etc. Avec une lacune pareille dans son éducation philosophique, il est naturel qu'on ne puisse aller bien loin. Cette lacune explique également la phrase de M. Guettée : « *Aucun philoso he n'admettra le principe que M. Wyrouboff a émis.* » Or, voici quel principe a émis M. Wyrouboff : « *La loi, en définitive, n'est que le fait se répétant toujours de la même manière, dans les mêmes circonstances.»* Cette définition n'est certes pas de lui ni à lui en propre, elle est acceptée par la plupart des philosophes émancipés, par tous ceux qui ont cherché la nature autre part que dans les traités de logique et de philosophie classiques. M. Guettée trompe donc le pauvre public qui lit son journal, en imputant à M. Wyrouboff, non la théorie du *fait-loi,* comme il le dit, mais cette simple et admirable définition de la loi, attribuable, à juste titre, aux grands penseurs qui ont inauguré dans l'histoire de l'intelligence humaine la belle époque des doctrines positives.

De son côté, M. l'abbé fait une définition qui, nous regrettons de le dire, prouve une fois de plus la naïveté de toutes ses réflexions. Or, la naïveté, qui peut être une immense vertu chrétienne : *beati pauperes spiritus quoniam regnum cœli habebunt* (1), est certainement un bien triste défaut quand il s'agit de science et de philosophie. « L'histoire, dit-il, est le récit des faits d'après les monuments que nous ont légués les générations passées. » Se contenter de cataloguer les faits par ordre chronologique, c'est bon pour l'histoire biblique, car là il n'y a pas moyen de généraliser si on ne veut pas détruire le tout de fond en comble ; mais le véritable historien doit, comme le chimiste, le physicien, le physiologiste, après avoir observé et classifié les faits, formuler leurs lois, et, systématisant les lois, élever l'histoire à la hauteur d'une science. Il est certainement très-facile de dire que les révolutions sont des punitions divines, les maladies épidémiques des châtiments célestes, les guerres le résultat du courroux du Très-Haut; mais que sont, à vrai dire, ces définitions? Des mots, des phrases, fort belles et fort sonores, sans doute, faisant quelquefois très-bien dans un livre, mais qui n'expliquent absolument rien et intéressent en conséquence bien médiocrement l'humanité. Une épidémie ravage un pays, que faut-il faire suivant la théologie? Se mettre à genoux et implorer le ciel pour qu'il calme sa colère. L'expérience journalière prouve qu'on peut fatiguer tant qu'on veut ses genoux sans obtenir aucun résultat. Quelle conduite tenir, au contraire, d'après le positivisme? Étudier les lois auxquelles est soumise la maladie, et la loi n'étant, ici encore, que le fait se répétant dans les mêmes conditions, modifier les conditions pour que le fait cesse de se reproduire. La diminution, certainement évidente, de la fréquence des épidémies depuis qu'on a commencé à les considérer comme des *faits naturels*, montre sans peine qui a raison des deux manières de voir.

Avant de terminer, je ferai encore une dernière remarque. M. Guettée, comme la plupart de ceux qui suivent encore les anciennes doctrines, n'a pas manqué de citer d'illustres noms scientifiques pour prouver l'absurdité de la philosophie moderne.

---

(1) M. Guettée pourra donner au mot *pauperes* le sens détourné que lui accordent souvent les théologiens ; moi, je le prends dans son acception la plus latine.

« Pascal, Newton et Euler, Descartes et Copernic étaient chrétiens, dit-il, et nous pourrions citer mille autres noms qui font la gloire de la science et du christianisme. » C'est là un fait très-important, sans doute, mais qu'il faut comprendre d'abord avant d'en tirer des conclusions. Personne ne contestera que les autorités invoquées par l'abbé russe, abbé jadis français, ne soient des génies supérieurs ayant opéré une véritable révolution dans les sciences dont ils se sont occupés. Mais s'ensuit-il que ces mêmes hommes, s'ils venaient maintenant vivre au milieu de nous avec les seules notions qui leur étaient acquises, seraient considérés comme génies ? Certes, non. Les problèmes dont Newton trouva la solution par un immense effort d'intelligence, le collégien les fait maintenant avec la plus grande aisance. Les formules analytiques que Descartes avait obtenues à si grand'peine, un jeune homme, un enfant presque, les déduit de quelques traits de plume. Chaque siècle a son rôle, chaque fait historique a eu sa raison d'être.

Il est tout aussi ridicule de reprocher à un Newton d'avoir été chrétien qu'à un Aristote, à un Platon de n'avoir pu l'être. Ce n'est pas en les faisant partisans de telle ou telle doctrine philosophique que nous paierons notre dette de reconnaissance aux hommes illustres reconnus pour avoir travaillé au bien de l'humanité ; les représenter plus grands qu'ils ne sont est aussi un triste moyen de vénérer leur vénérable mémoire, car chacun jugerait alors l'histoire d'après sa propre personnalité. Newton est grand, non pas parce qu'il est plus savant que les savants de notre époque, mais parce qu'il sut s'élever au-dessus du nivea de son siècle. Il est grand, à un autre point de vue, non pour être resté chrétien quand les penseurs de notre siècle ne le sont guère, mais pour avoir senti qu'à l'époque où il vivait aucune autre philosophie n'égalait encore la philosophie chrétienne. Pour comprendre vraiment l'histoire, il est inutile de représenter les célébrités du temps passé comme des sages personnifiant la science ; il faut, au contraire, voir en eux des enfants qui en étaient à leurs premiers bégaiements. Cette idée est de l'illustre Claude Bernard, qui l'a développée dans une de ses récentes leçons au Collége de France (1).

(1) Voyez *Revue des cours scientifiques*, 4 janvier 1865. « Si la science d'aujourd'hui ne représentait pas, en la continuant, la science d'autrefois, elle ne serait pas la véritable science ; car la science est comme un vaste édifice dont les pierres supérieures reposent sur les pierres inférieures et les supportent nécessairement : chacun de nous apporte sa pierre au-dessus de la pierre de

Les réflexions que nous venons d'exposer prouveront, nous
l'espérons, au public impartial, que la critique de l'abbé Guettée
ne porte aucune atteinte à la justesse des observations que
M. Wyrouboff crut pouvoir faire à M. Moigno dans le *Courrier
des Sciences*. Jusqu'à preuve du contraire, nous considérons les
résultats scientifiques qu'il a exposés comme dignes d'attention.
M. Moigno ne les a pas encore réfutés, lui que ses hautes connaissances mettent au moins à même de comprendre des objections
scientifiques. Nous engageons beaucoup M. Guettée, qui paraît
assez sûr de son fait pour « être certain que M. Wyrouboff
désavouera un jour, comme honnête homme et comme savant,
la lettre qu'il a communiquée au *Courrier des Sciences*, » lettre
qu'il « *consent* à excuser à cause de l'inexpérience de l'auteur, »
— à étudier un peu plus les questions qu'il se propose de discuter, ou à ne plus se mêler de matières qui ne sont pas du
tout de sa compétence. Dans le cas contraire, il se brûlera toujours les doigts comme il vient de le faire. Pour notre part, nous
sommes loin de nous flatter de l'avoir convaincu, car il est
bien connu qu'il n'y a rien de plus réfractaire au progrès et
de plus entêté que les théologiens, voire les théophiles russes
de Paris.                                        Prof. GOUBERT.

Paris, 31 janvier 1865.

son devancier, et c'est ainsi que l'édifice s'élève chaque jour de plus en plus.
Les anciens n'avaient donc pas plus d'expérience que nous, comme on semble
parfois le supposer, et ce n'est point parce qu'une théorie ou une idée est an-
cienne qu'elle doit être considérée comme meilleure. On serait, au contraire,
plus près de la vérité en prenant le contre-pied de ce préjugé vulgaire. L'expérience et la haute sagesse que nous avons coutume d'attribuer aux anciens
sont un pur effet de l'éloignement, une illusion que l'histoire dément à chaque
instant en précisant les faits. En réalité, comme l'a dit Pascal *, c'est nous qui
sommes les véritables anciens, parce que nous avons amassé les résultats de
l'expérience des siècles, et ceux que nous appelons de ce nom représentent la
jeunesse du monde avec toutes les incertitudes, les illusions et les faiblesses
que comportent les débuts de l'humanité scientifique. Nous ne dirons pas que
la science d'aujourd'hui est comme un homme mûr, car la science n'est pas
faite, mais elle est, si vous voulez, comme un adolescent dont les forces et les
connaissances s'étendent chaque jour davantage. Il est singulier que la répu-
tation de sagesse et d'omniscience qu'on attribue aux anciens soit telle, qu'on
nous les représente toujours sous des figures vénérables, une longue barbe,
une physionomie grave et méditative, comme s'ils représentaient une science
achevée et vieille. Vous voyez Aristote et Hippocrate courbés sous le poids
des ans et de la science. Si c'est un emblème de la science qu'on a voulu représenter, il aurait fallu prendre le contre-pied de ce que l'on a fait, et, au
lieu de vieillards, peindre des enfants qui n'en étaient qu'à leurs premiers bégaiements. »

(*) *Traité du Vide*, édition Havet, p. 436.

# COMMENT UN LIBRE-PENSEUR

## SAIT SE TIRER D'UN MAUVAIS PAS (1).

M. Wyrouboff nous a écrit une délicieuse épître à propos de notre réfutation de quelques-unes de ses erreurs. Nous croyons entrer dans ses vues en communiquant son bijou littéraire à nos abonnés, qui en admireront sans aucun doute la grâce, le brillant, la distinction. Puisque nous avons été assez heureux pour mettre, par notre travail, M. Wyrouboff *en bonne humeur*, nous voulons lui procurer de nouveau quelque plaisir en accompagnant sa lettre de courtes réflexions. Il débute ainsi :

« Monsieur,

« Je viens de lire dans l'*Union chrétienne* l'article que vous avez bien voulu consacrer à la réfutation de quelques pages que j'ai insérées dans le *Courrier des Sciences*, et je m'empresse de vous remercier très-cordialement. La lecture de votre réfutation m'a procuré *quelques instants de bonne humeur*, car vous savez bien qu'un libre-penseur est toujours très-heureux de se voir abîmé par un théologien. Je trouve votre article très-bien fait, mieux même que je ne m'y attendais. J'aurais bien eu à vous faire quelques remarques concernant *le ton personnel* de votre article, mais je vous le pardonne de bon cœur, sachant très-bien que les théologiens, n'ayant pas de science vraiment sérieuse à laquelle ils puissent se vouer, aiment beaucoup à se mêler des détails pratiques de la vie, et à descendre brusquement des régions étoilées du ciel sur l'écorce très-matérielle de notre globe. Du reste, ce n'est là qu'un détail sur lequel je ne m'arrête pas. »

Le *ton personnel* de notre article, c'est sans doute ce qui concernait la personne de M. Wyrouboff. Or, nous avons supposé (2)

(1) Extrait de l'*Union chrétienne*, 5 février 1865.
(2) Supposition momentanée dont il faut tenir compte au savant mathématicien (Note de l'interprétateur). Je mets en grosse italique quelques passages saillants, bien que tous le soient en réalité.

ce jeune homme honnête, *quoiqu'il ne puisse l'être* sans être inconséquent; nous avons voulu croire à de bons sentiments qui le ramèneraient à la vérité, lorsqu'il aurait plus de science qu'il n'en possède aujourd'hui. Ce ton nous paraît *chrétien, très-chrétien*, et nous ne voyons rien en tout ceci qui puisse légitimer la susceptibilité de notre jeune adversaire. S'il eût bien voulu réfléchir que nous étions déjà un *écrivain* lorsqu'il est né, il eût compris que notre âge et *nos antécédents scientifiques et littéraires*, aussi bien que *notre charité chrétienne*, nous donnaient quelque droit de lui parler comme à un jeune débutant, trop novice encore dans la presse pour être en état d'apprécier les conséquences de sa malheureuse excursion dans le *Courrier des Sciences*. Mais M. Wyrouboff aime mieux voir dans ce *ton personnel* un mauvais procédé de théologien. Or, les pauvres théologiens n'ont pas de *science sérieuse à laquelle ils puissent se vouer*, voilà pourquoi ils se permettent à l'occasion de bons conseils. M. Wyrouboff appelle cela *descendre des régions étoilées du ciel sur l'écorce très-matérielle de notre globe*. La métaphore est un peu risquée, mais passons, et disons seulement à M. Wyrouboff que la théologie, dont il ne sait pas le premier mot, est une science *sérieuse, beaucoup plus sérieuse* que celles dont il est si fier, à tort ou à raison; disons-lui encore que l'étude de ces sciences, dont il voudrait attribuer le monopole aux libres-penseurs, n'est pas interdite aux théologiens; qu'un grand nombre de ces théologiens ont cultivé les sciences, s'y sont rendus célèbres et pourraient lui donner des leçons. Son petit dédain pour la science théologique, qu'il ne connaît pas, et pour les théologiens, est tout simplement ridicule. Qu'*un libre-penseur soit toujours très-heureux d'être abîmé par un théologien*, nous nous permettrons d'en douter. Ce n'est pas la première fois que nous avons affaire aux libres-penseurs; nous avons discuté avec plusieurs qui étaient certes mieux armés que M. Wyrouboff. Nous avons remarqué plusieurs fois en eux beaucoup de mauvaise humeur, et jamais ce bonheur dont notre jeune adversaire nous parle comme d'un fait notoire. Nous nous permettrons même de douter que M. Wyrouboff soit aussi enchanté de notre article qu'il veut bien le dire. Du reste, c'est son affaire; il peut en penser ce qu'il voudra, de même que nous pouvons penser ce que nous voulons de son produit soi-disant scientifique et de son aimable missive. Il continue ainsi :

« Quant à la partie scientifique de vos attaques, j'en suis aussi assez content, et je m'empresse de vous en faire mon compliment sincère. *Je vous remarquerais pourtant*, en passant, qu'en discutant mon équation $b = -\infty$, vous n'avez pas vu que le *moins* était là une faute d'impression et constituait une absurdité mathématique ; mais enfin, pour quelqu'un qui, comme vous, ne connaît que les quatre règles de l'arithmétique, c'est déjà très-bien de n'avoir pas mis le signe de l'infini à l'envers. »

Ce petit ton de supériorité va vraiment très-bien à un jeune homme qui vient de terminer ses études classiques (1) ! Il en est qui sont assez arriérés pour croire que la modestie est le plus gracieux ornement du mérite, surtout chez un jeune homme (2). Allons donc, la modestie ! Un libre-penseur peut-il se soumettre à un tel préjugé qui sent si fort son *cléricalisme?* Nous sommes bien humilié tout de même d'apprendre que nous ne savons que *les quatre règles de l'arithmétique ;* car il n'y a que *quatre règles* de l'arithmétique, M. Wyrouboff l'affirme. Dans mon jeune temps, on étudiait Bezout, et ce mathématicien avait trouvé moyen de façonner sur l'arithmétique un assez fort volume in-8, dans lequel il y avait vraiment plus de *quatre règles*. On y trouvait jusqu'aux racines *carrée* et *cubique*. Puis, on passait à son Algèbre, qui avait d'égales dimensions. Enfin arrivait Legendre avec sa Géométrie et sa Trigonométrie. Nous avons étudié tout cela avant que M. Wyrouboff fût né. Mais il paraît que nous avons tout oublié, excepté les *quatre règles*, et que c'est déjà beaucoup pour nous de n'avoir pas fait un 8 du signe de l'infini ! *Pour un ex-lauréat de mathématiques*, c'est bien humiliant ! Aussi, pourquoi n'avons-nous pas corrigé l'*absurdité mathématique* que M. Wyrouboff a laissée dans son article, pour prouver sans doute sa capacité ? Je ne l'ai pas corrigée, donc j'en suis responsable. Il serait peut-être un peu plus juste de regarder comme responsable celui qui l'a commise. Sommes-nous responsable des fautes de français de M. Wyrouboff parce que nous ne les avons pas corrigées ? Peut-être. Alors, il faut convenir que les libres-penseurs ont un excellent procédé pour

(1) *Classiques* d'abord, puis qui a été reçu docteur ès sciences, agrégé de la Faculté des sciences de Moscou, et à qui l'on propose depuis un an la chaire de minéralogie dans cette université.

(2) Restriction arrivant à souhait, car l'axiome se fût appliqué singulièrement au savant abbé russe qui l'émet après nous avoir vanté ses antécédents scientifiques et littéraires, sur lesquels il reviendra d'ailleurs plus bas (Note de l'interprétateur).

mettre leurs péchés sur la conscience d'autrui. En citant l'équation prétendue de M. Wyrouboff, nous nous sommes trouvé en présence de *deux absurdités mathématiques*, l'une essentielle, l'autre de pure forme. Devions-nous nous attacher à la seconde, au risque d'encourir le reproche d'avoir attribué de l'importance à une incorrection typographique? Nous avons préféré nous attacher à la première, et respecter cependant la seconde dans notre citation textuelle, afin de donner à penser que notre grand mathématicien pourrait bien ne pas connaître les simples formules algébriques. Il paraît qu'en agissant ainsi nous avons commis un crime de *lèse-Wyrouboff*, et, pour nous punir, nous sommes condamné à ne savoir que *les quatre règles* de l'arithmétique. Ne nous plaignons pas, le châtiment est léger; notre *magister* imberbe nous a plus ménagé *que nos vieux instituteurs* (1). Rendons-lui bien vite la parole :

« Vos réponses aux faits géologiques invoqués dans ma lettre sont peut-être ce qu'il y a de plus faible dans votre article, mais, comme vous avouez n'être pas géologue, et que, effectivement, *dans la discussion que j'ai eu le plaisir d'avoir avec vous, je me suis aperçu que cette science vous était encore plus étrangère que les mathématiques*, je ne me permettrais pas de vous rien reprocher. En somme, je suis assez satisfait, et je ne *manquerez* pas d'acheter quelques numéros de votre journal pour les envoyer à mes amis qui *lirons* avec plaisir votre article. »

Le *maître* est *assez satisfait*. Nous aurons donc un bon point. Cependant, nous sommes encore plus faible sur la géologie que sur les mathématiques, ce qui n'est pas peu dire, à ce qu'il paraît. Toutefois, si notre jeune *magister* veut bien le permettre, nous lui apprendrons que sa mémoire est infidèle, et que, dans la discussion *qu'il a eu le plaisir d'avoir avec nous, il n'a pas pu s'apercevoir de notre faiblesse en géologie*, par cette raison fort concluante : que nous n'avons pas dit un seul mot de cette science et que nous n'en avons pas même prononcé le nom. Il s'est agi entre nous de Renan, de Strauss, et M. Wyrouboff a affirmé que les Evangiles étaient remplis de contradictions.

(1) Il paraît qu'au bon temps jadis les lauréats ès-mathématiques étaient eux-mêmes assez brutalement traités par leurs vieux instituteurs (Réflexion de l'interprétateur à la suite de l'ingénieuse justification de l'abbé).

Nous en avons demandé un exemple, et M. Wyrouboff cita les faits de l'adoration des Bergers racontée par saint Luc, et de l'adoration des Mages racontée par saint Mathieu. Nous avons fait voir, par les textes mêmes, qu'il s'agissait de *deux faits différents*, et non pas d'un seul contradictoirement raconté. M. Wyrouboff n'a pas voulu en convenir. Pour réduire notre discussion en formules mathématiques, représentons l'adoration des Bergers par $a$ et l'adoration des Mages par $b$. Je dis : $a + b = ab$ (1). M. Wyrouboff soutient que $a + b = b$ ou que $b + a = a$. Mais nous oublions que nous ne savons que *les quatre règles*. Représentons donc l'adoration des Bergers par 1 et celle des Mages aussi par 1. Plaçons les deux unités de même espèce d'une *manière* verticale et tirons au-dessous une ligne horizontale, ci :

$$\frac{\begin{array}{c}1\\1\end{array}}{}$$

Faisons l'addition : 1 et 1 *font* 2. M. Wyrouboff s'insurge et prétend que 1 et 1 *font* 1.

C'est à cela que s'est réduite notre discussion. Si notre jeune adversaire eût connu la première des quatre règles, il eût compris que nous avions raison. Mais il paraît qu'il l'ignore, puisqu'il n'a pas voulu convenir que 1 et 1 font 2 (2).

Quant à la géologie, encore une fois, il n'en a pas été question entre nous, et nous avons laissé la discussion contre le matérialisme à notre savant ami l'archiprêtre J. Wassilieff, qui a fait au jeune *savant* des observations auxquelles celui-ci a opposé beaucoup de mots, mais peu de raisons.

La mémoire de M. Wyrouboff a donc trahi ses gracieuses intentions à notre égard ?

Terminons son aimable épître. C'est le plus beau qu'on va lire ; *finis coronat opus*.

« Avant de terminer, je crois de mon devoir de vous remer-

---

(1) Exemple : $3 + 4 \times 3 + 4$ ? (Note de l'interprétateur, et application des connaissances mathématiques de l'abbé.) Le lecteur sera plus d'une fois à même de tirer de semblables conséquences ! Il était bon de faire cette réflexion, car, pour notre part, nous ne comprenons pas ce savant exposé à l'ex-lauréat en mathématiques.

(2) Je ne comprends absolument rien de ce que me fait dire l'abbé, m'écrit M. Wyrouboff. Et moi moins encore, ajouterai-je.

cier de votre amabilité pour l'hospitalité que vous me proposez dans les colonnes de l'*Union*. Il va sans dire que je ne mettrai pas à l'épreuve votre gracieuseté, croyant très-fort à la justesse de ce proverbe : « Dis-moi qui tu *hantes*, je te *dirai* qui tu es. »

« Je vous prie, monsieur l'abbé, de ne pas m'oublier dans les prières que vous adressez à la très-sainte et très-béate vierge Marie, immaculée ou non (1), et dans l'espérance qu'elle exaucera vos vœux et me ramènera au troupeau dont j'ai eu la malheureuse idée de m'éloigner, je vous prie, monsieur, de vouloir bien agréer l'expression de mes sentiments distingués.

« **G. WYROUBOFF.** »

Oui, monsieur Wyrouboff, nous prierons pour vous, afin que Dieu vous pardonne vos blasphèmes contre la plus pure des femmes, pour qu'il vous éclaire, et qu'il remplace en vous l'orgueil d'un savoir faux et superficiel par la connaissance de la vérité. Si Dieu nous exauce, vous serez chrétien, et vous comprendrez qu'on peut être chrétien, même théologien, et savant tout à la fois. Ne pensez pas que nous soyons offensé du sens que vous cachez sous le proverbe dont vous admirez la justesse. Il y a de ces injures qui passent si bas au-dessous de nous, que les miasmes qui s'en exhalent ne nous atteignent pas. Vous avez cru, par une insulte, vous délivrer de l'obligation de répondre. C'est la manière *dont un libre-penseur sait se tirer d'un mauvais pas.*

L'abbé GUETTÉE.

Je crois inutile de répliquer à cette nouvelle attaque, de plus en plus *charitable*, contre mon ami Wyrouboff, puisqu'il m'interdit de faire ressortir le but évident de son avocat céleste et l'inconvenance avec laquelle ce bon théologien, ex-lauréat en mathématiques, n'a pas craint d'interpréter à sa docte façon la teneur de conversations particulières, comme aussi la lettre qui lui était personnellement adressée. Toute réponse serait du reste inutile; l'abbé n'en continuera pas moins à entretenir les pauvres lecteurs de l'*Union chrétienne* des invectives de son humeur polémique, connue de longue date, et qui s'est si souvent épui-

(1) On remarquera que l'abbé devenu Russe n'a rien compris à ce rapprochement.

sée en vain contre les arguments de ses adversaires, des évêques
catholiques notamment (1).

GOUBERT.

(1) Une nouvelle lettre de M. Guettée, insérée dans l'*Union chrétienne* du 12
février, prouve bien que nous ne nous étions pas trompé. Elle répond exclu-
sivement par des injures, plus grossières que les autres, par des menaces sans
portée, à notre précédent article, dont nous avions eu la convenance de lui
envoyer une épreuve avant de donner le *bon à tirer*. En vérité, cette dernière
lettre, qui sera loin de clore la verve infatigable de l'abbé russe, ne vaut pas
les frais d'impression.

Imprimé par Charles Noblet, rue Souflot, 18.